OUVRAGE ADOPTÉ

PAR

L'UNIVERSITÉ ROYALE DE FRANCE.

MÉTHODE DE J. CARSTAIRS.

ATLAS

DES 48 PLANCHES.

Prix de l'Ouvrage complet : 5 fr. et 6 fr. par la Poste.

PARIS,

THÉOPHILE BARROIS PÈRE ET BENJAMIN DUPRAT,

RUE HAUTEFEUILLE, N° 28.

1829.

EBERHART, IMPRIMEUR, RUE DU FOIN SAINT-JACQUES, N° 12.

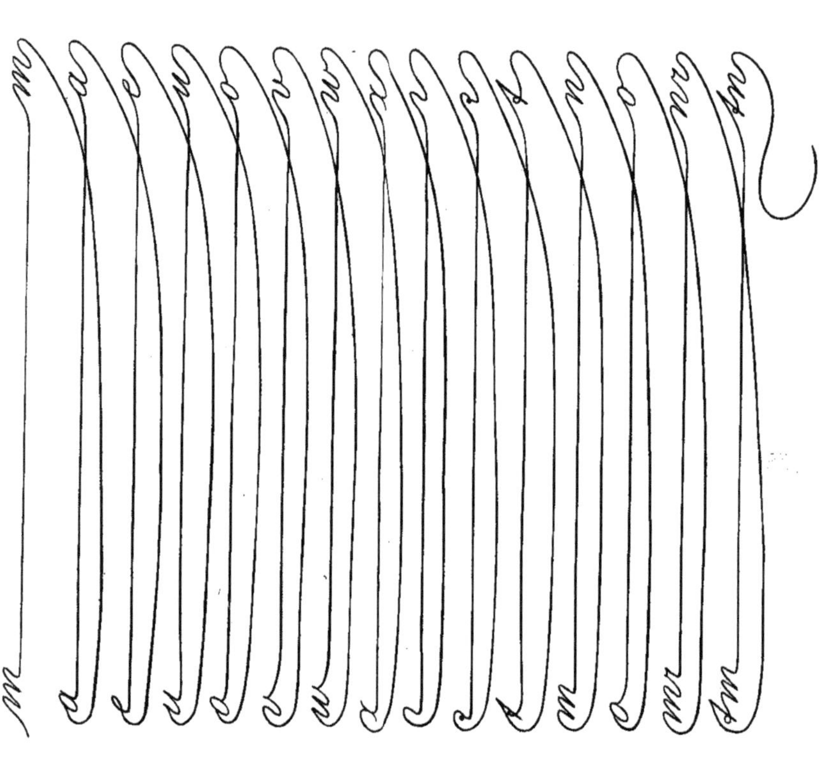

Pl. 2.

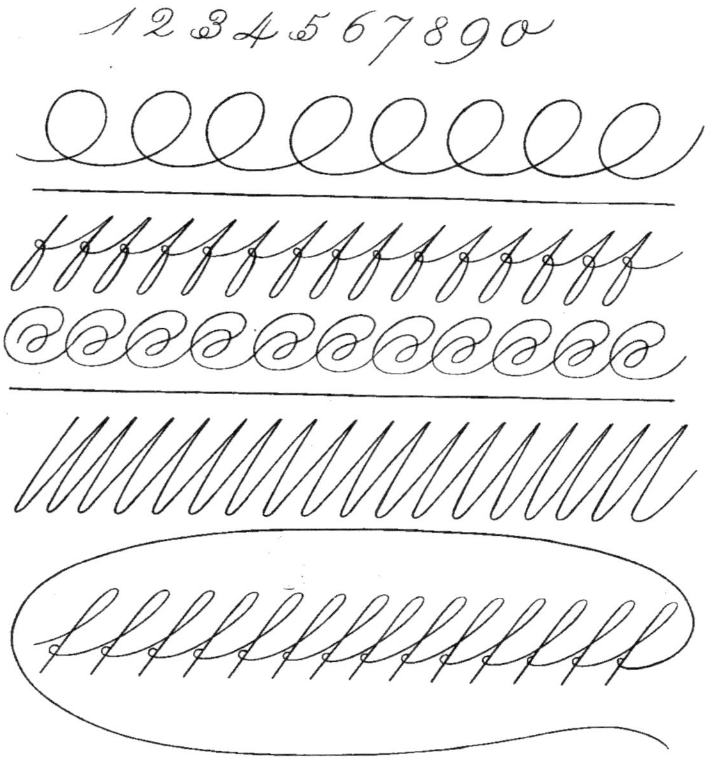

1 2 3 4 5 6 7 8 9 0

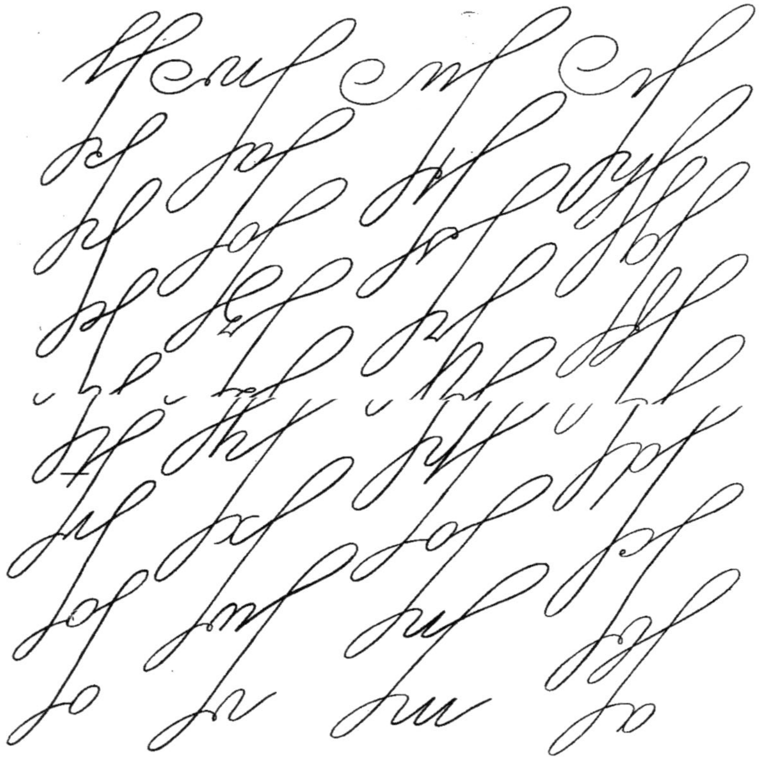

Pl. 5.

Pl. 6.

eminenteminent

poempoempoemo

romeromeromerr

emememememe

Pl. 8.

common more

femme femme

emblem emblem

phenmen phenmen

commit commit

commotion m

contentment comprehend

uncommon
uncommon
uncommon
uncommon

recommend
recommend
recommend
recommend
recommend

inconvenient
inconvenient
inconvenient
inconvenient
inconvenient

immemorial
immemorial
immemorial
immemorial

14.9

Amphibious.

Benevolent.

Tous les mots de cette planche et des suivantes doivent s'écrire sans lever la plume

Eminently.

Fruitfully.

Convenient.
Devouring.

Glimmering.
Honouring.

Immoment.
Knowingly.

Numbering.
Omnipotent.

Lentiformed.
Monument.

8.

Pantomime.
Quiescently.

Remember.
Sentiment.q

Vehemently.
Wakefield.

www.ingramcontent.com/pod-product-compliance
Ingram Content Group UK Ltd.
Pitfield, Milton Keynes, MK11 3LW, UK
UKHW021037180726
13838UKWH00004B/1856

9 782329 453194